Myra

Muurahainen

Muurahainen

Äpple

Omena

Omena

Astronaut

Astronautti

Astronautti

Banan

Banaani

Banaani

Myra

_uurah_inen

Äpple

_m_na

Astronaut

_str_nautti

Banan

_a_aani

Björn

Karhu

Karhu

Bok

Kirja

Kirja

Bil

Auto

Auto
_____
_____
_____

Katt

Kissa

Kissa

Björn	K_r_u
Bok	K_r_a
Bil	Aut_
Katt	_is_a

Majs

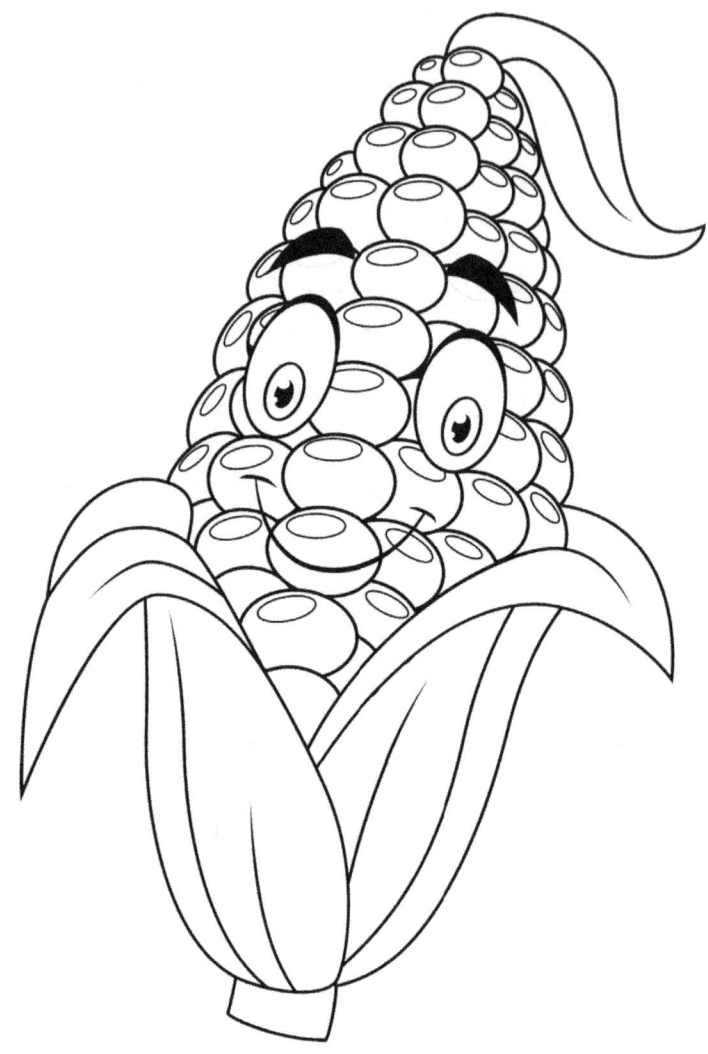

Maissi

Maissi

Hund

Koira

Koira

Munk

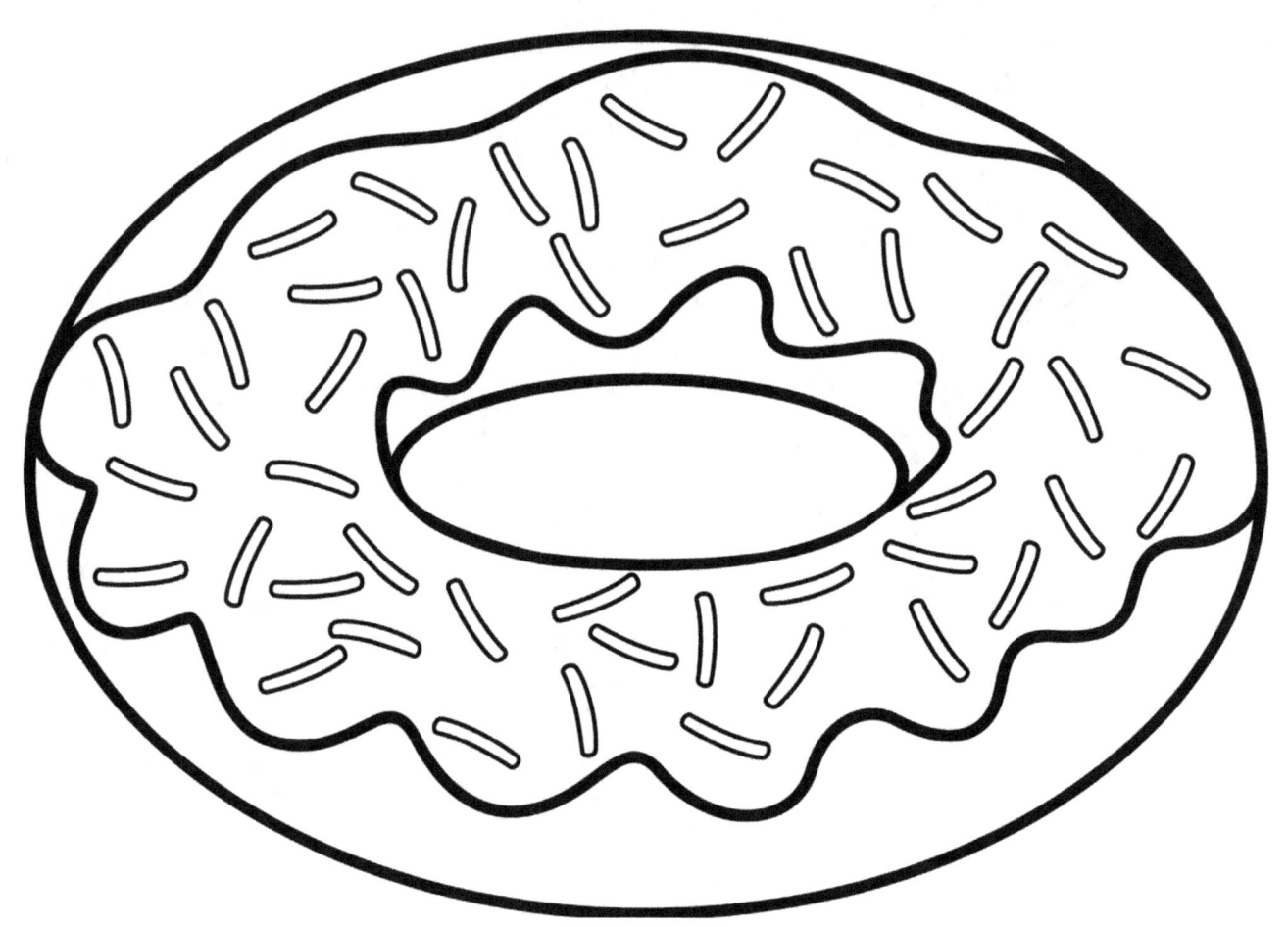

Donitsi

Donitsi
_____
_____

Trumma

Rumpu

Rumpu

Majs

Mais_i

Hund

oir

Munk

D_ni_si

Trumma

R_m_u

Snigel

Etana

Etana

Zebra

Seepra

Seepra

Elefant

Elefantti

Elefantti

Fisk

Kala

Kala

Snigel

E_a_a

Zebra

S_epr_

Elefant

Ele__ntti

Fisk

K_l_

Blomma

Kukka

Kukka

Räv

Kettu

Kettu

Giraff

Kirahvi

Kirahvi

Glasögon

Silmälasit

Silmälasit
_____

_____

_____

Blomma

Ku_ka

Räv

Ket__

Giraff

Kir_hv_

Glasögon

Silmä_as_t

Vindruvor

Viinirypäleet

Viinirypäleet

Hamburgare

Hampurilainen

Hampurilainen

Flodhäst

Virtahepo

Virtahepo

Hus

Talo

Talo

Vindruvor

Viin_rypälee_

Hamburgare

Hampu_ilain_n

Flodhäst

_irt_hepo

Hus

_alo

Glass

Jäätelö

Jäätelö

Leguan

Iguaani

Iguaani

Anka

Ankka

Ankka

Jaguar

Jaguaari

Jaguaari

Glass

äätel

Leguan

Ig_aa_i

Anka

A_k_a

Jaguar

J_guaa_i

Sylt

Hillo

Hillo

Manet

Meduusa

Meduusa
_____

_____

_____

Zeppelinare

Zeppeliini

Zeppeliini

Kiwi

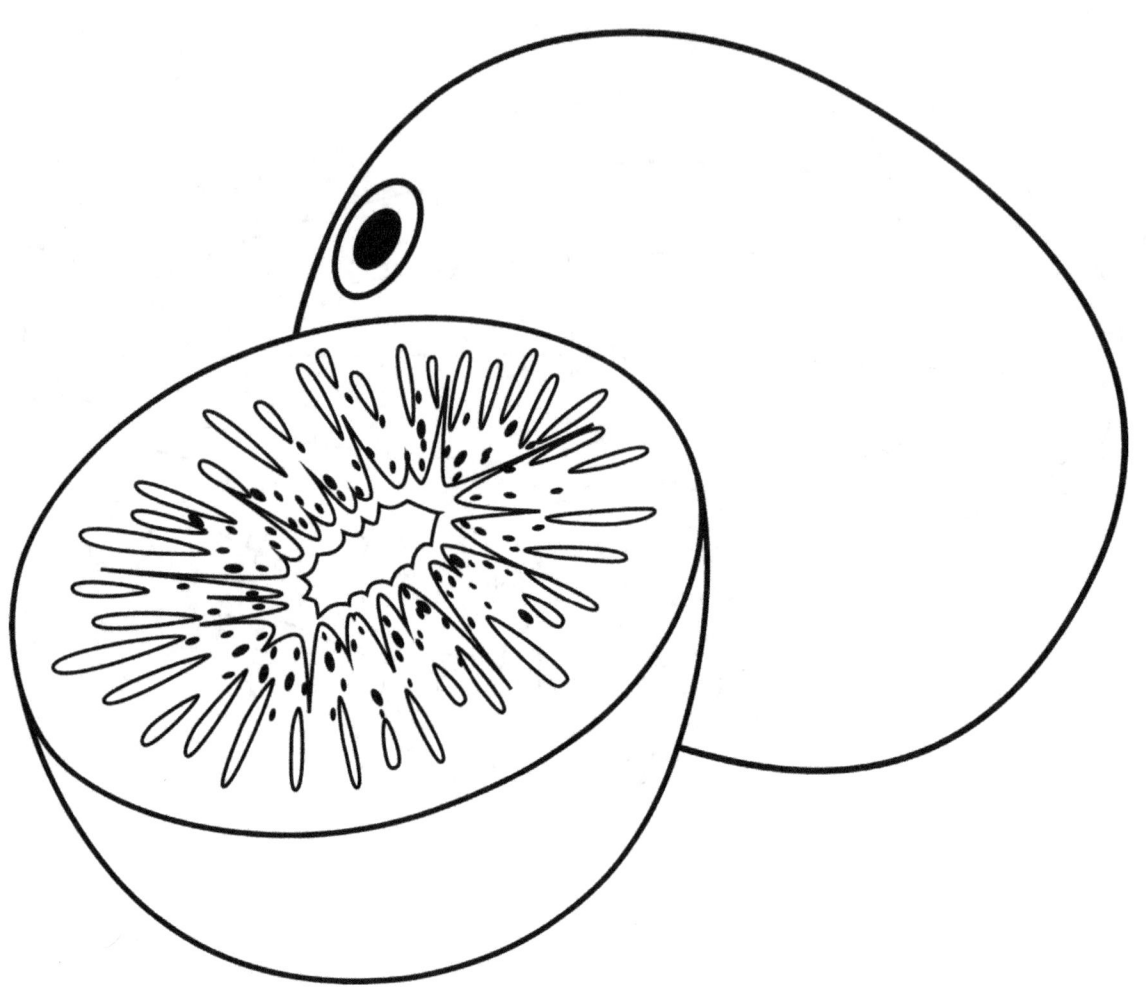

Kiivi

Kiivi

Sylt

Hi_l_

Manet

M_duu_a

Zeppelinare

Zeppel_ini

Kiwi

__ivi

Jordgubbe

Mansikka

Mansikka

Blad

Lehdet

Lehdet

Lampor

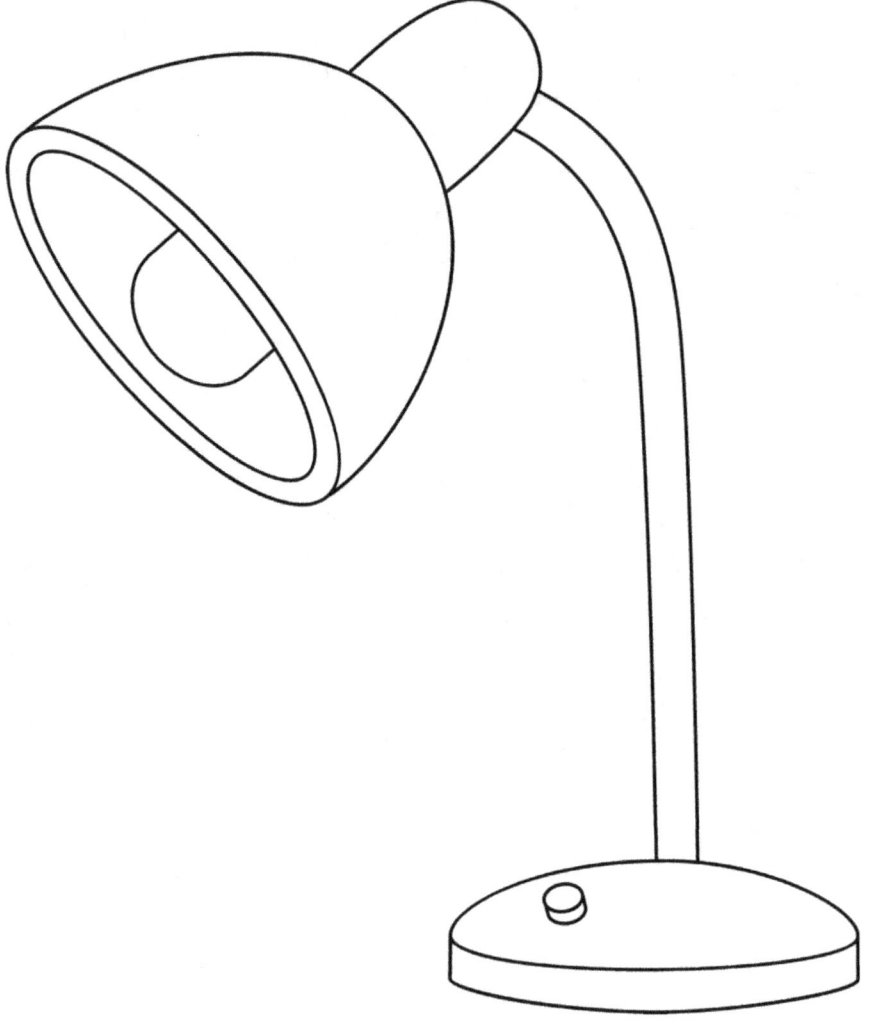

Valot

Valot
_____

_____

_____

Lejon

Leijona

Leijona

Jordgubbe

_ansi_ka

Blad

Le_d_t

Lampor

__lot

Lejon

Lei_ona

Apa

Apina

Apina

Mus

Hiiri

Hiiri
_____

_____

_____

Röd flugsvamp

Kärpässieni

Kärpässieni

Spik

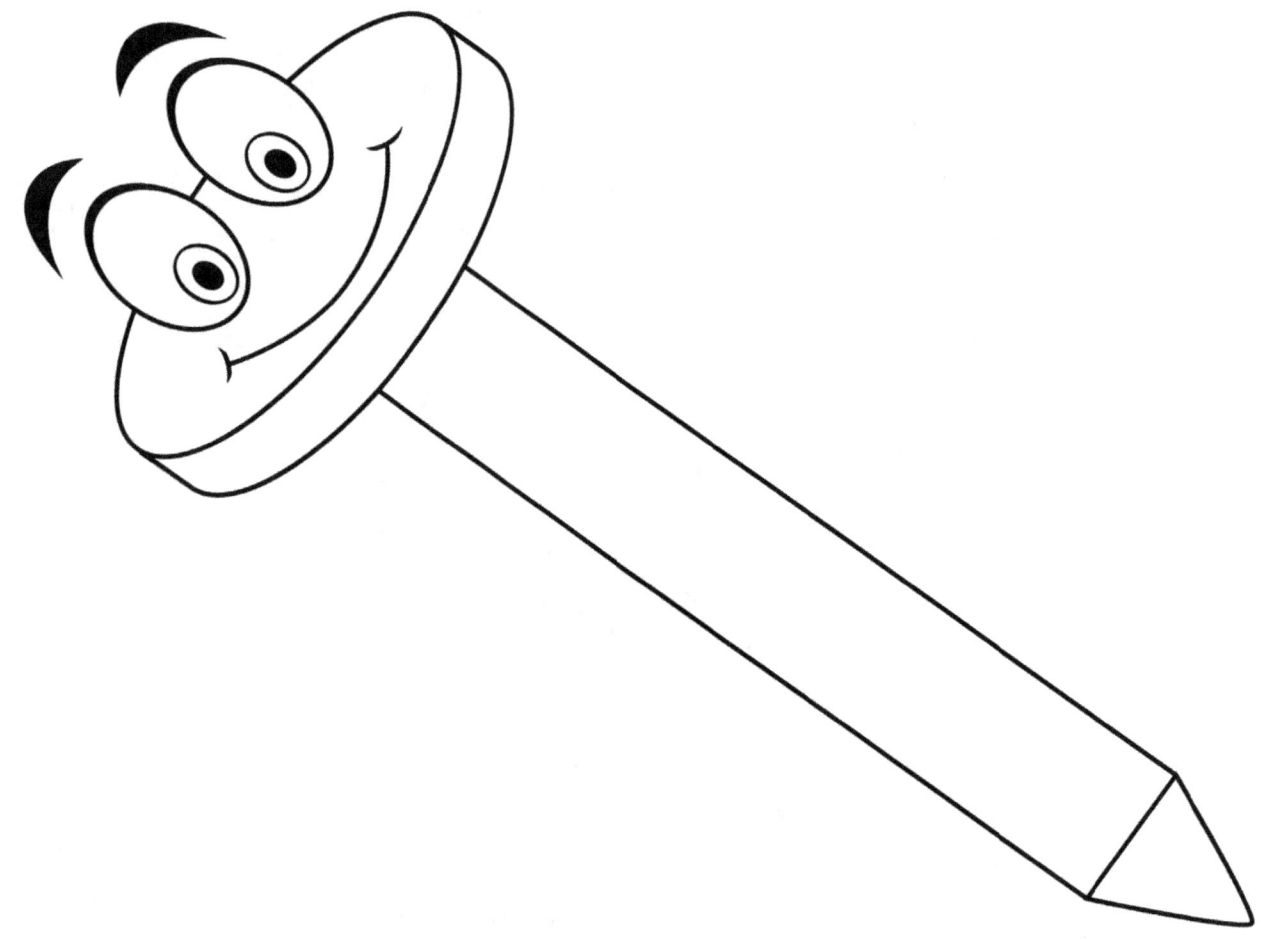

Naula

Naula

Apa

Ap_n_

Mus

H_iri

Röd flugsvamp

Kärp_ssien_

Spik

Na_l_

Häst

Hevonen

Hevonen
_____
_____
_____

Nöt

Mutteri

Mutteri

Bläckfisk

Mustekala

Mustekala
_____
_____

Apelsin

Appelsiini

Appelsiini

Häst

_e_onen

Nöt

M_tt_ri

Bläckfisk

Muste_al_

Apelsin

_p_elsiini

Uggla

Pöllö

Pöllö

Penna

Lyijykynä

Lyijykynä
_____

_____

_____

Paj

Piirakka

Piirakka
_____
_____
_____

Gris

Sika

Sika

Uggla

P_ll_

Penna

L_ij_kynä

Paj

Pii_ak_a

Gris

Sik_

Fågel

Lintu

Lintu
_____

_____

_____

Drottning

Kuningatar

Kuningatar
_____
_____
_____

Fjäderpenna

Sulkakynä

Sulkakynä

Kanin

Kani

Kani

Fågel

_i_tu

Drottning

Kuni__atar

Fjäderpenna

Sulkaky_ä

Kanin

_ani

Noshörning

Sarvikuono

Sarvikuono
_____
_____

Robot

Robotti

Robotti

Tiger

Tiikeri

Tiikeri
_____

_____

_____

Träd

Puu

Puu
_____
_____
_____

Noshörning

Sa__ikuono

Robot

_o_otti

Tiger

_iikeri

Träd

_u_

Paraply

Sateenvarjo

Sateenvarjo

Sjöborre

Merisiili

Merisiili
_____

_____

Sol

Aurinko

Aurinko

Grönsak

Vihannes

Vihannes
_____
_____
_____

Paraply

Sate_nvar_o

Sjöborre

__risiili

Sol

A_rin_o

Grönsak

Vihan__s

Vulkan

Tulivuori

Tulivuori
_____

_____

_____

Gam

Korppikotka

Korppikotka
_____
_____
_____

Vattenmelon

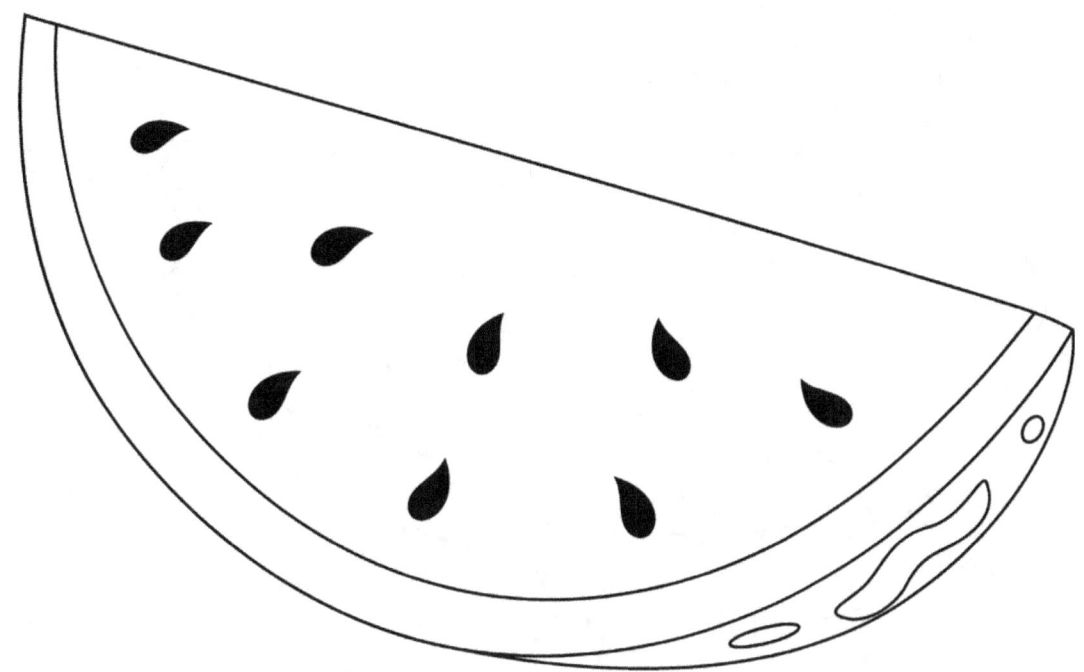

Vesimeloni

Vesimeloni

Val

Valas

Valas

Vulkan

Tu_iv_ori

Gam

Kor_piko_ka

Vattenmelon

Ves_melon_

Val

Val_s

Fönster

Ikkuna

Ikkuna

Xylofon

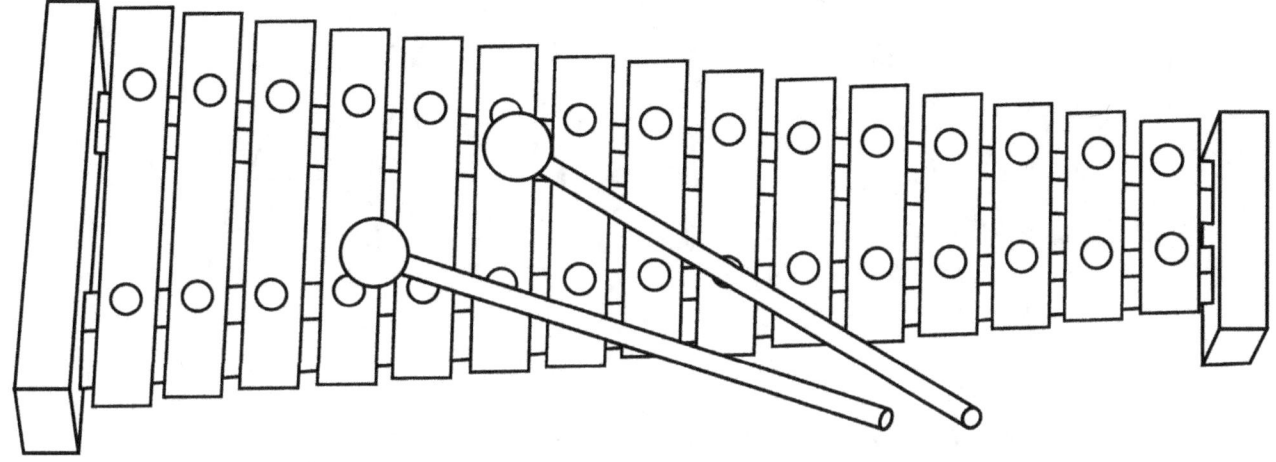

Ksylofoni

Ksylofoni

Segelbåt

Purjealus

Purjealus

Snögubbe

Lumiukko

Lumiukko

Fönster

Ikk_na

Xylofon

__ylofoni

Segelbåt

Pu_jealu_

Snögubbe

Lum_u_ko

Yoghurt

Jogurtti

Jogurtti

Kyckling

Kana

Kana

Nyckel

Avain

Avain

Koala

Koala

Koala
_____

_____

Yoghurt

_og_rtti

Kyckling

_an_

Nyckel

_vain

Koala

Koa__

Myra	-
Äpple	-
Astronaut	-
Banan	-
Björn	-
Bok	-
Bil	-
Katt	-
Majs	-
Hund	-
Munk	-
Trumma	-
Snigel	-
Zebra	-
Elefant	-
Fisk	-

Blomma	-
Räv	-
Giraff	-
Glasögon	-
Vindruvor	-
Hamburgare	-
Flodhäst	-
Hus	-
Glass	-
Leguan	-
Anka	-
Jaguar	-
Sylt	-
Manet	-
Zeppelinare	-
Kiwi	-
Jordgubbe	-

Blad	-
Lampor	-
Lejon	-
Apa	-
Mus	-
Röd flugsvamp	-
Spik	-
Häst	-
Nöt	-
Bläckfisk	-
Apelsin	-
Uggla	-
Penna	-
Paj	-
Gris	-
Fågel	-
Drottning	-

Fjäderpenna	-
Kanin	-
Noshörning	-
Robot	-
Tiger	-
Träd	-
Paraply	-
Sjöborre	-
Sol	-
Grönsak	-
Vulkan	-
Gam	-
Vattenmelon	-
Val	-
Fönster	-
Xylofon	-
Segelbåt	-

Snögubbe	-
Yoghurt	-
Kyckling	-
Nyckel	-
Koala	-

© nerdMedia 2018

This work, including all its parts, is protected by copyright. Any use is not permitted without the author's consent. This applies in particular to copying, translation, storage and processing in electronic systems. Contact: Dirk Kolodziej/Peppermühl 9/48249 Dülmen/Germany info4us@nerdmedia.eu Cover design: nerdMedia Cover photo: depositphotos.com - Print Output Black & White: Amazon Media EU S.Ã .r.l./5 Rue Plaetis/L-2338 Luxembourg